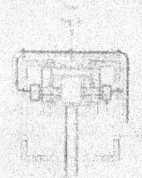

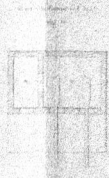

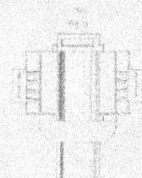

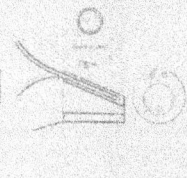

VOYAGE MÉTALLURGIQUE
EN ANGLETERRE,

ou

Recueil de Mémoires

SUR LE GISEMENT, L'EXPLOITATION ET LE TRAITEMENT DES MINERAIS DE FER, ÉTAIN, PLOMB,
CUIVRE, ZINC,

ET SUR LA FABRICATION DE L'ACIER.

DANS LA GRANDE-BRETAGNE.

Tome Deuxième.

ATLAS.

Paris,

BACHELIER, IMPRIMEUR-LIBRAIRE POUR LES SCIENCES,

QUAI DES AUGUSTINS, 55.

1839

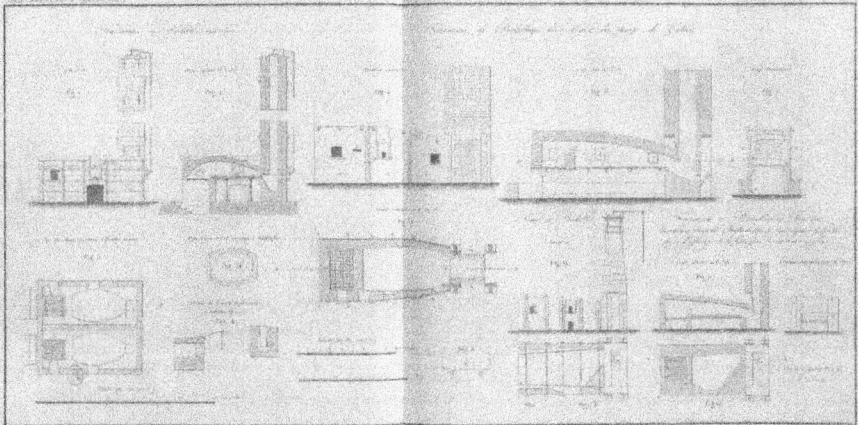

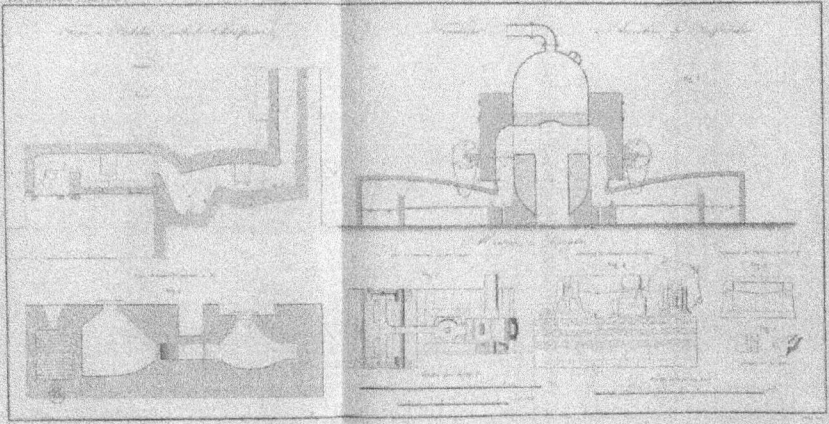

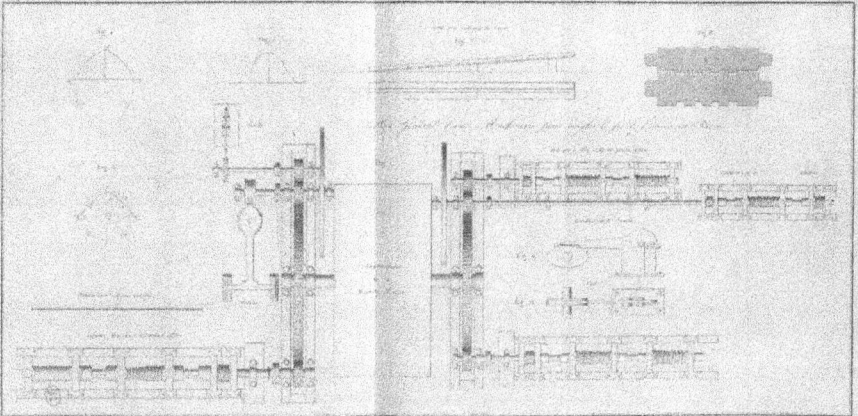

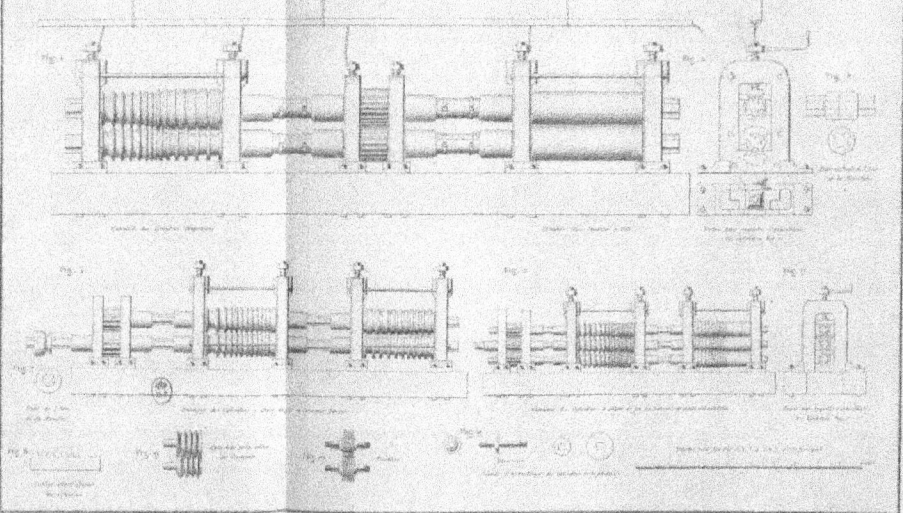

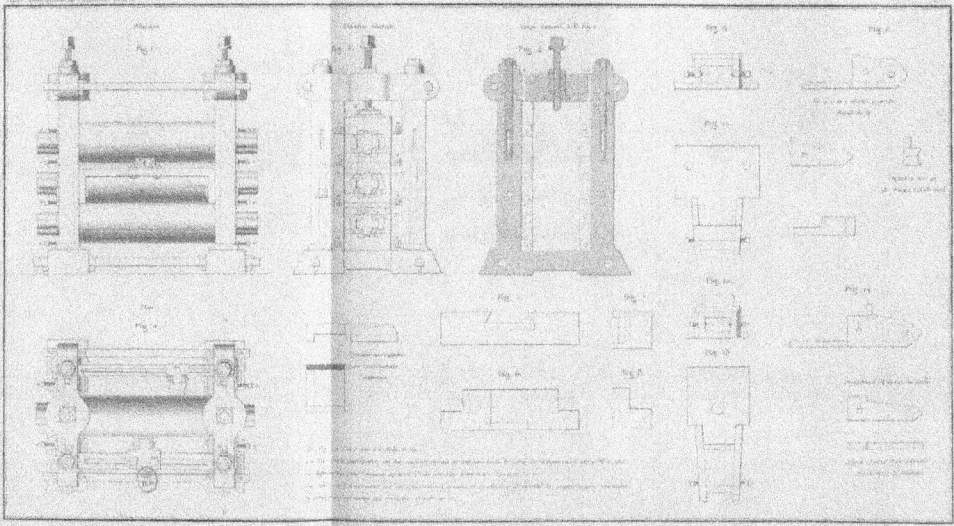

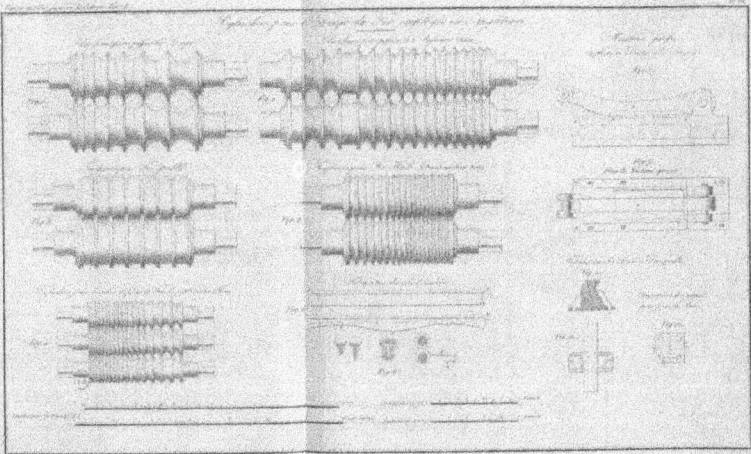

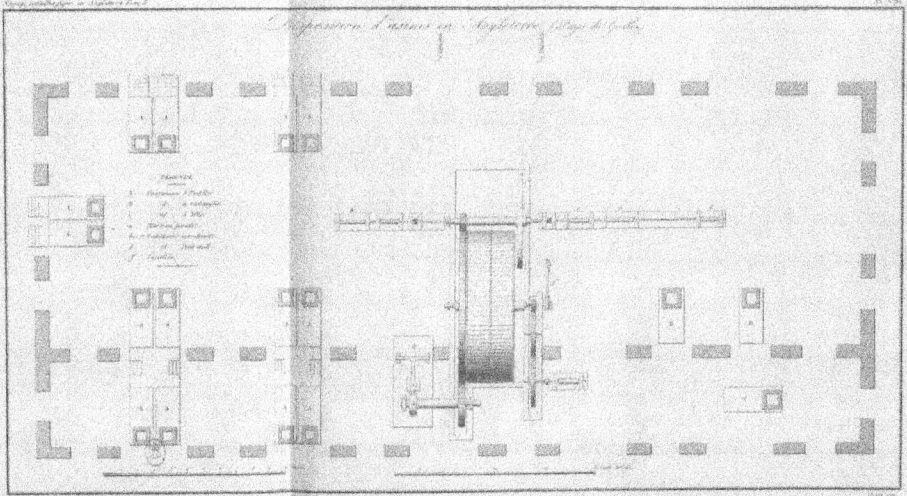

Disposition d'usines en Angleterre. (Pays de Galles.)

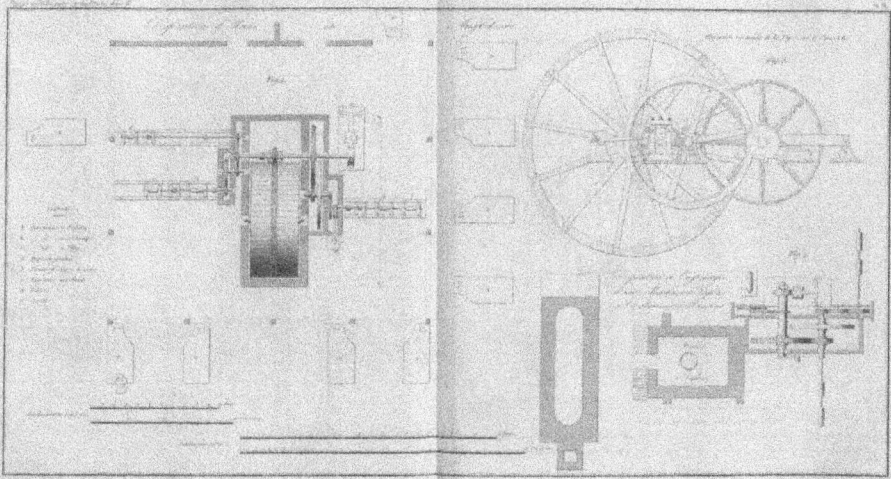

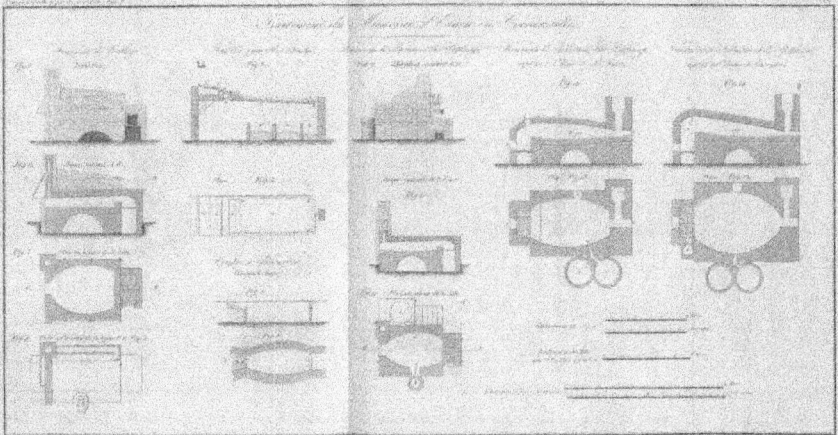

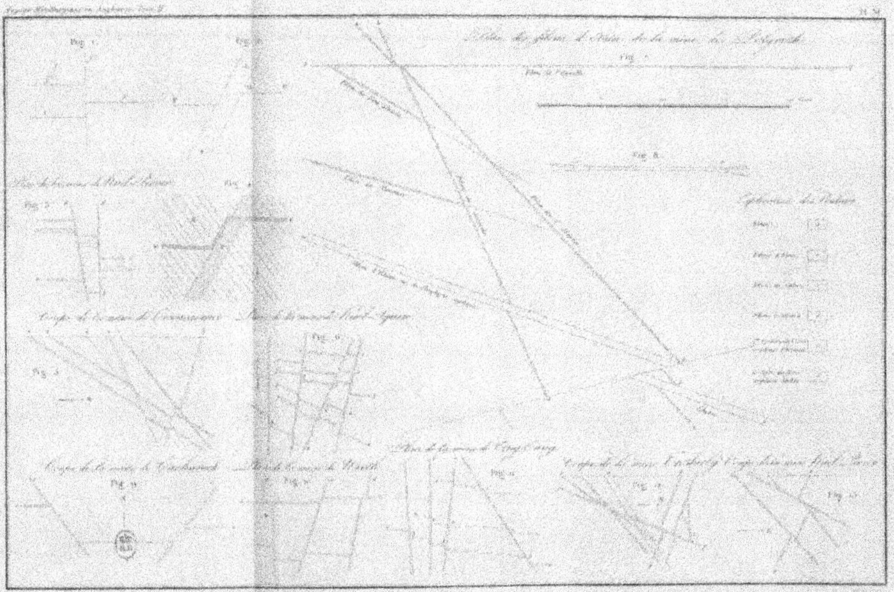

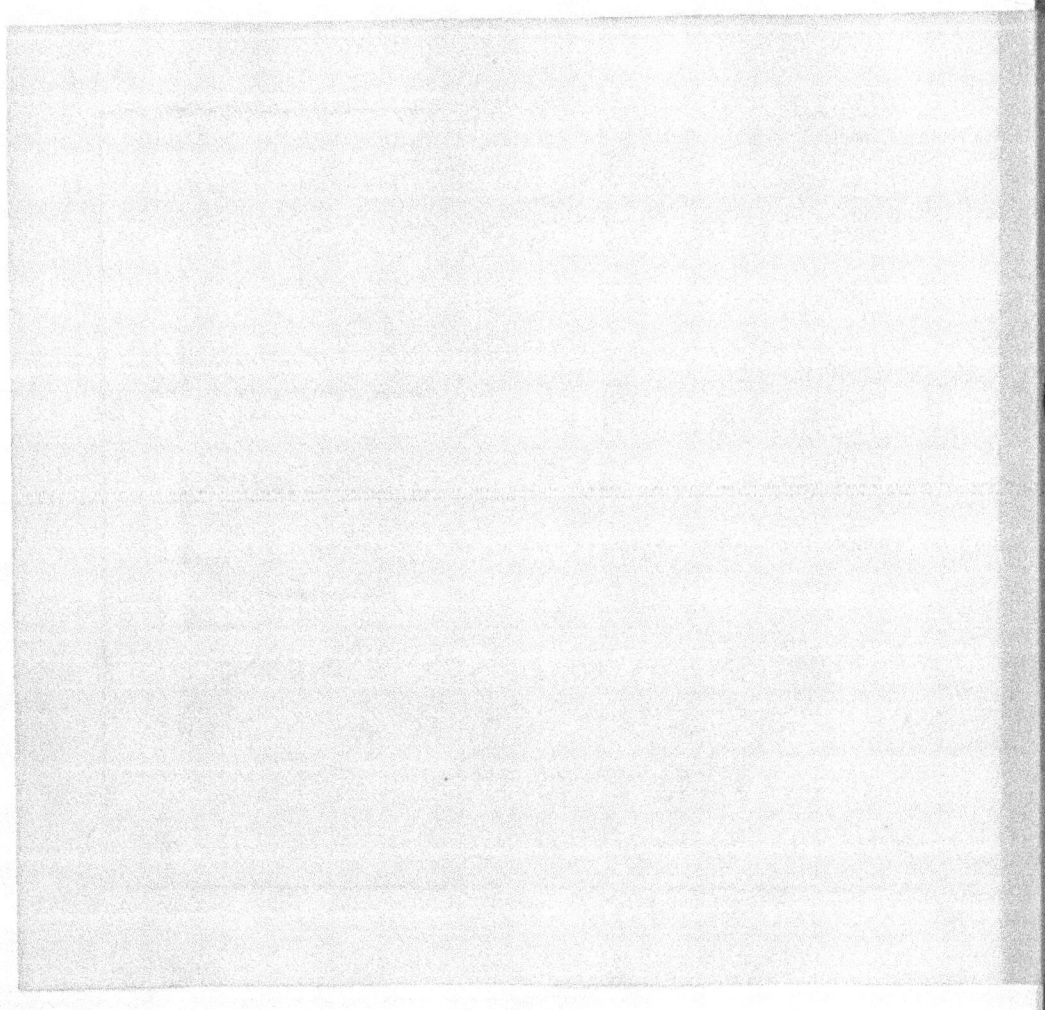

Fourneaux, forges de Monnaies de Cuivre
(Nombreuses machines employées à la Monnaie de Londres)

Fig. 1

Fourneaux et soufflage des Monnaies de Paris

Élévation latérale A. B.
Fig. 4

Coupe verticale A. B.
Fig. 5

Plan à la hauteur des foyers.
Fig. 6

Fourneaux de Paris et de Toulouse

Coupe verticale C. D.
Fig. 2

Coupe verticale C. D.
Fig. 3

Plan à la hauteur des foyers.
Fig. 3

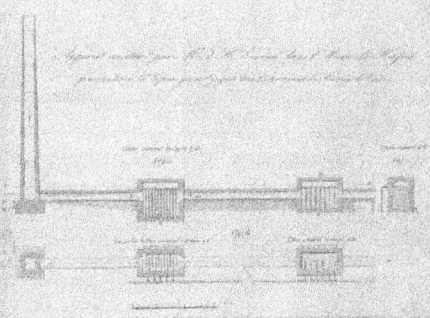

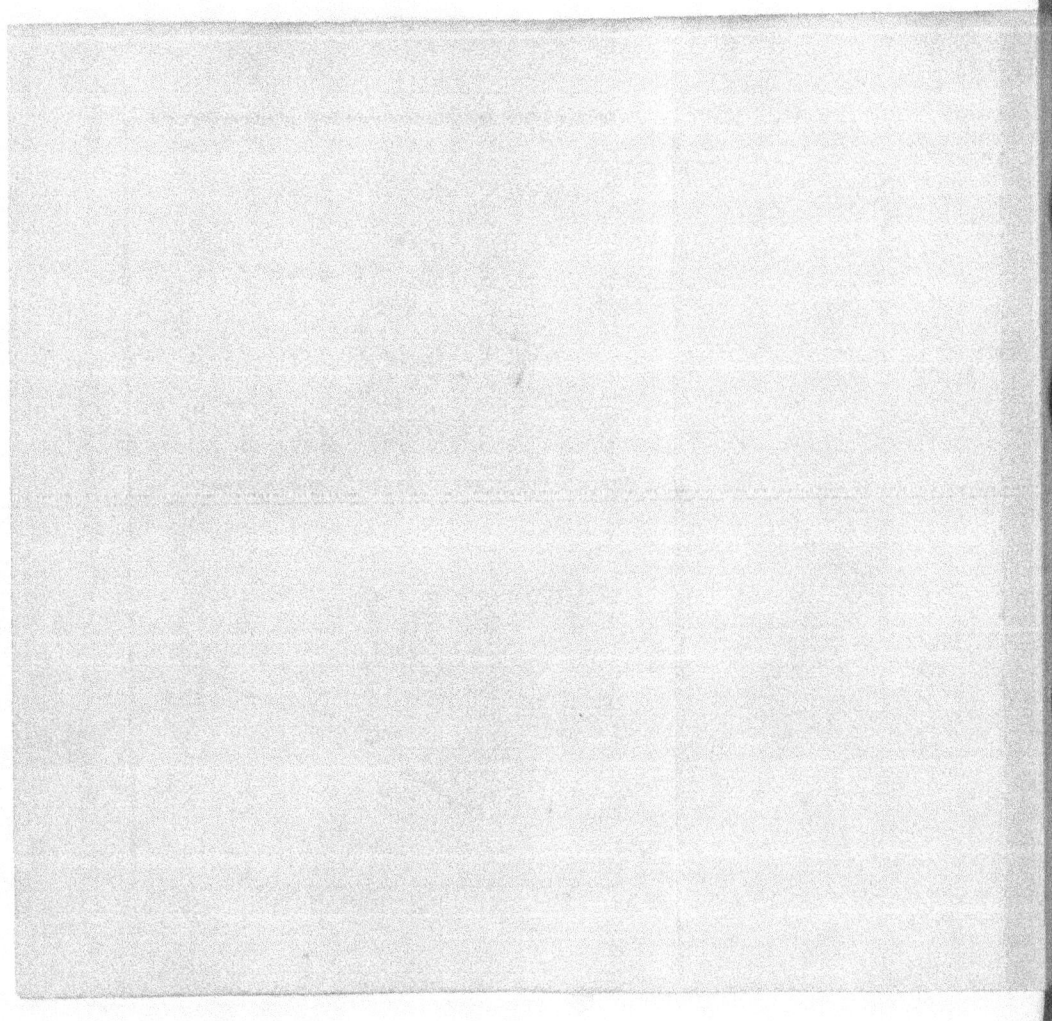

Traitement du Houx en Angleterre

Fourneau de Grillage   Fourneaux employés en Chine pour l'Oxide nord-occidental

Fig 1   Fourneau en Angleterre   Fourneau à cuvette
Coupe suivant la ligne g h   Coupe du fourneau suivant la ligne N O   Coupe suivant
                                          Fig 3   Fig 5

 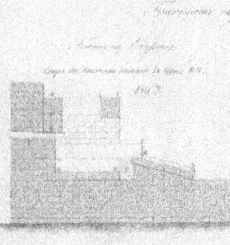 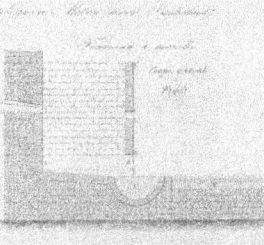

Fig 2   Fig 4   Fig 6
Plan de la première construction   Plan du fourneau horizontal   Plan du fourneau à cuvette

 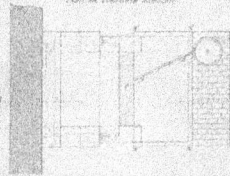 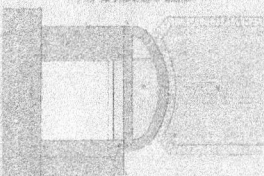

Échelle pour les Figures   Échelle pour les Figures

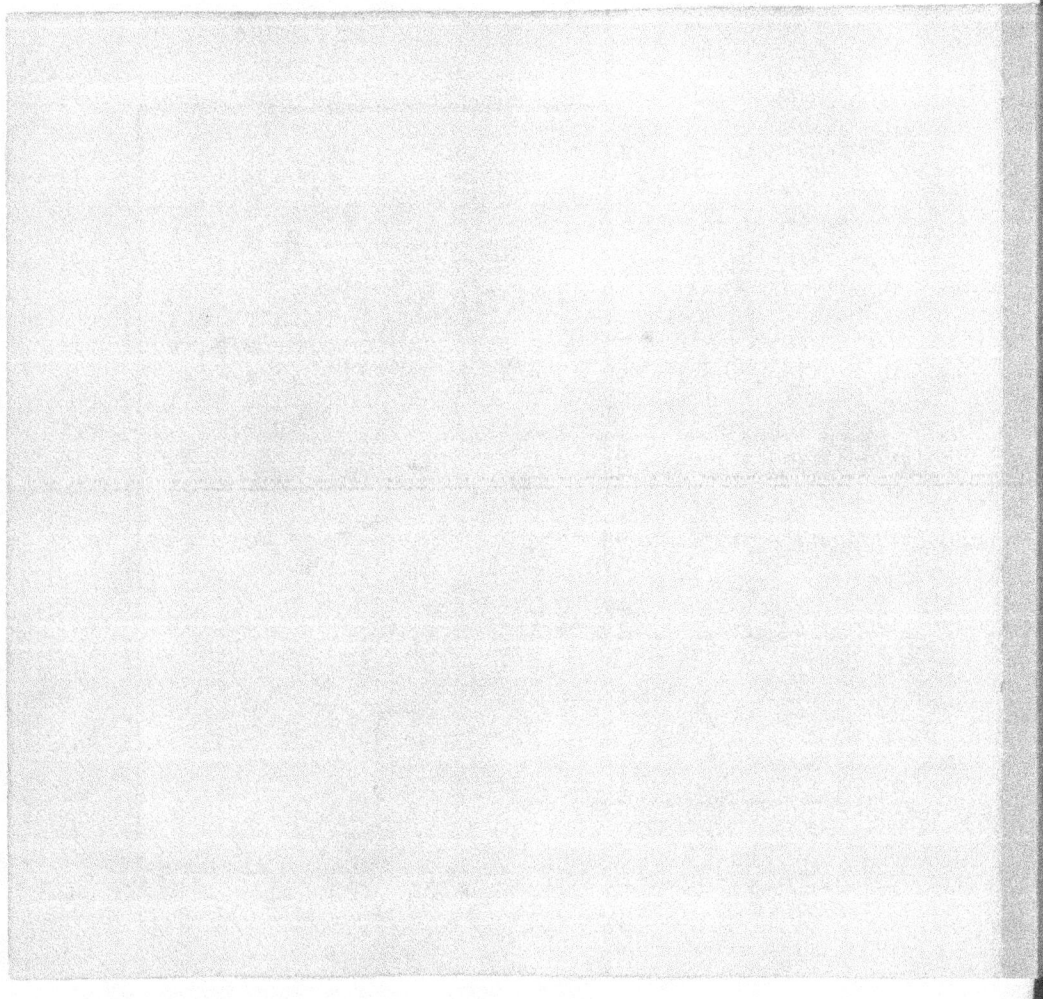

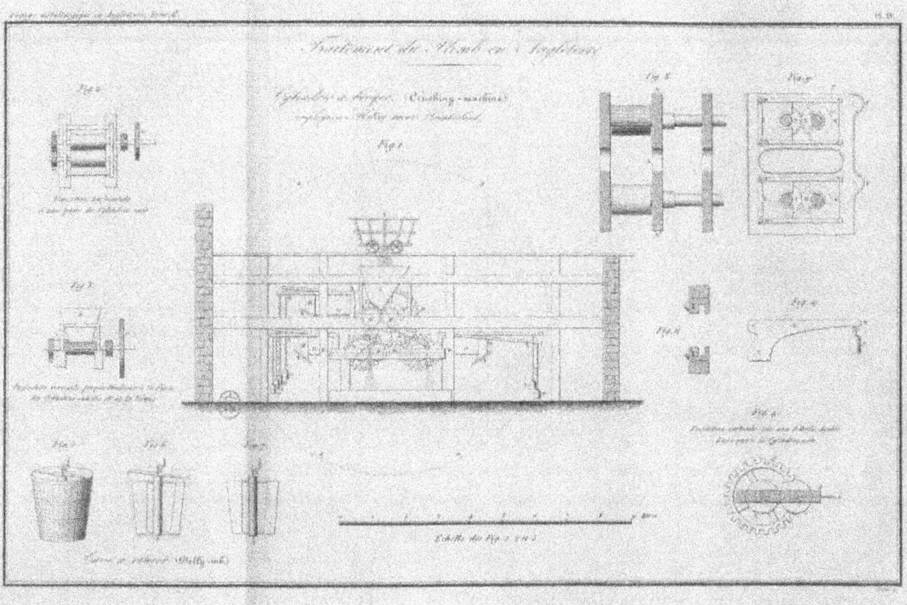

Pl. IX.

Traitement du Plomb en Angleterre.

Cylindres à broyer (Crushing-machine)
employés à ... pour ...

Fig. 1.

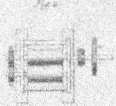

Fig. 6.
Vue d'une des bandes
et d'une paire de cylindres nus

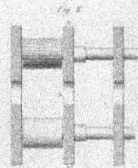
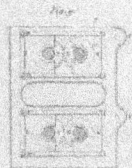

Fig. 2. Fig. 7.

Fig. 3.
Projection verticale perpendiculaire à l'axe
des cylindres ...

Fig. 9.

Fig. 8.

Fig. 10.
Projection verticale vue sur l'échelle droite
d'une paire de cylindres nus

Fig. 3. Fig. 4. Fig. 5.

Corps de ... (Potty-ned)

Échelle des Fig. 1, 2 et 3.

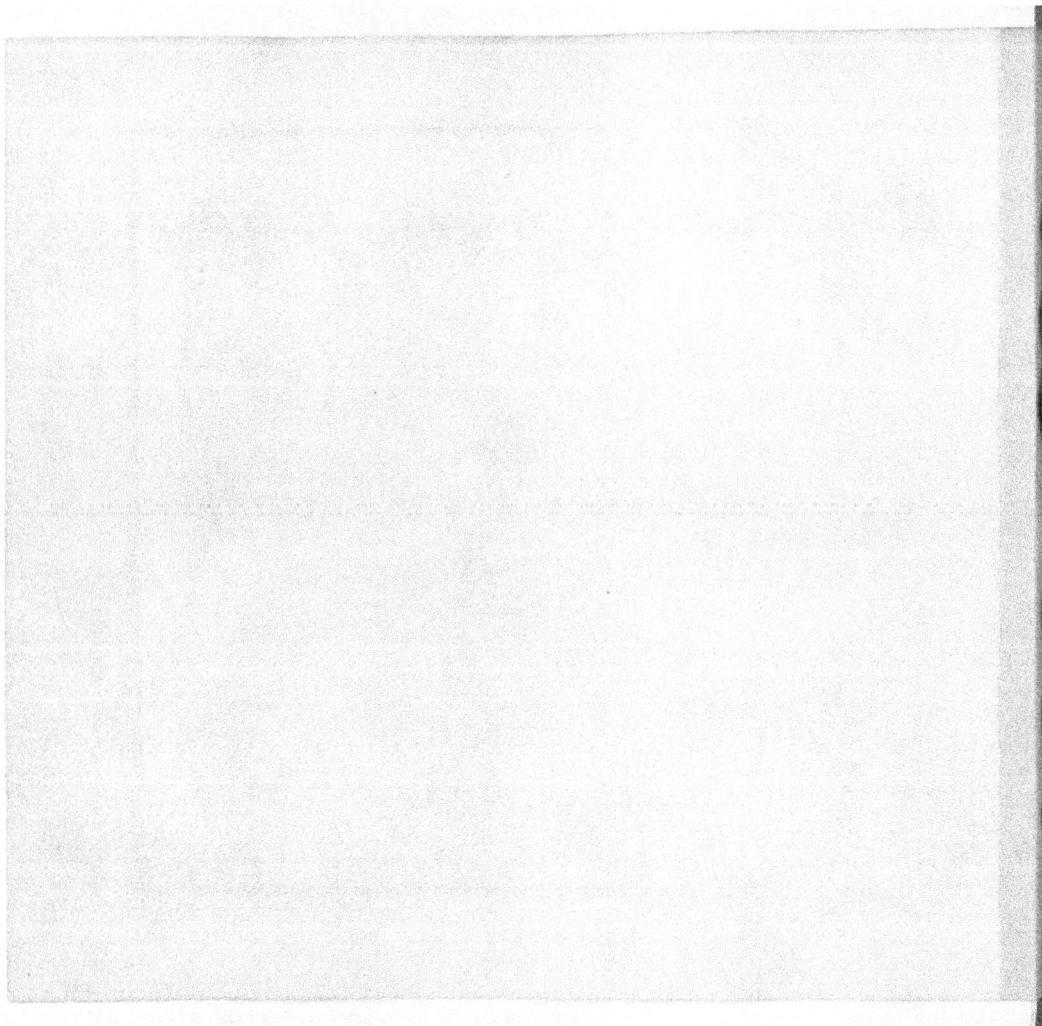

Tarrissement des Plomb en Angleterre

Fig. 1

Fourneau de l'Angleterre
employé à traiter le mineral d'Andreacourt

Fig. 3

Fourneau de Réverbère
employé à traiter le mineral

Fig. 4

Fourneau de Réverbère
pour le traitement

Coupe suivant la ligne A B

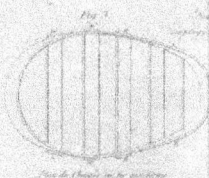

Plan de l'hauteur au fer supérieure
de Chapelle

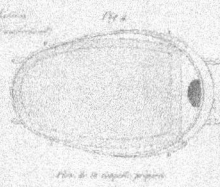

Plan de la chapelle projetée

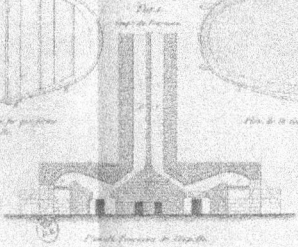

Coupe Transversale de Chapelle

Fig. 2

Fig. 5

Plan à la hauteur des Portes

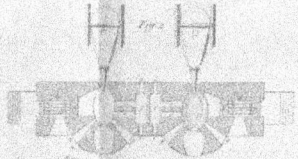

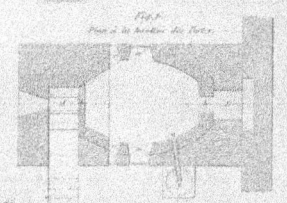

Echelle des Fig. 1, 2 et 3

Echelle des Fig. 4 et 5

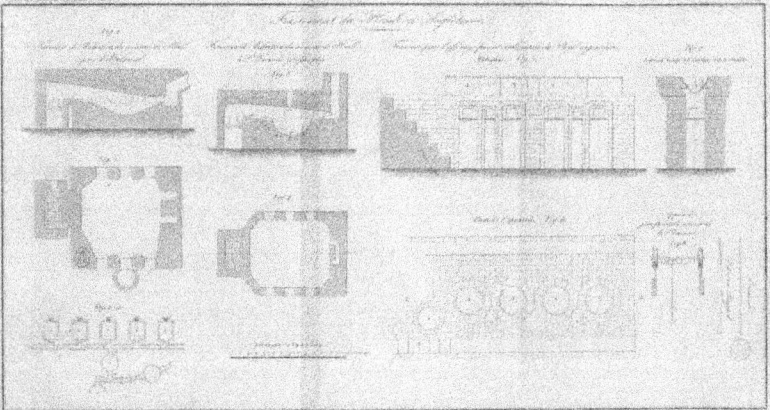

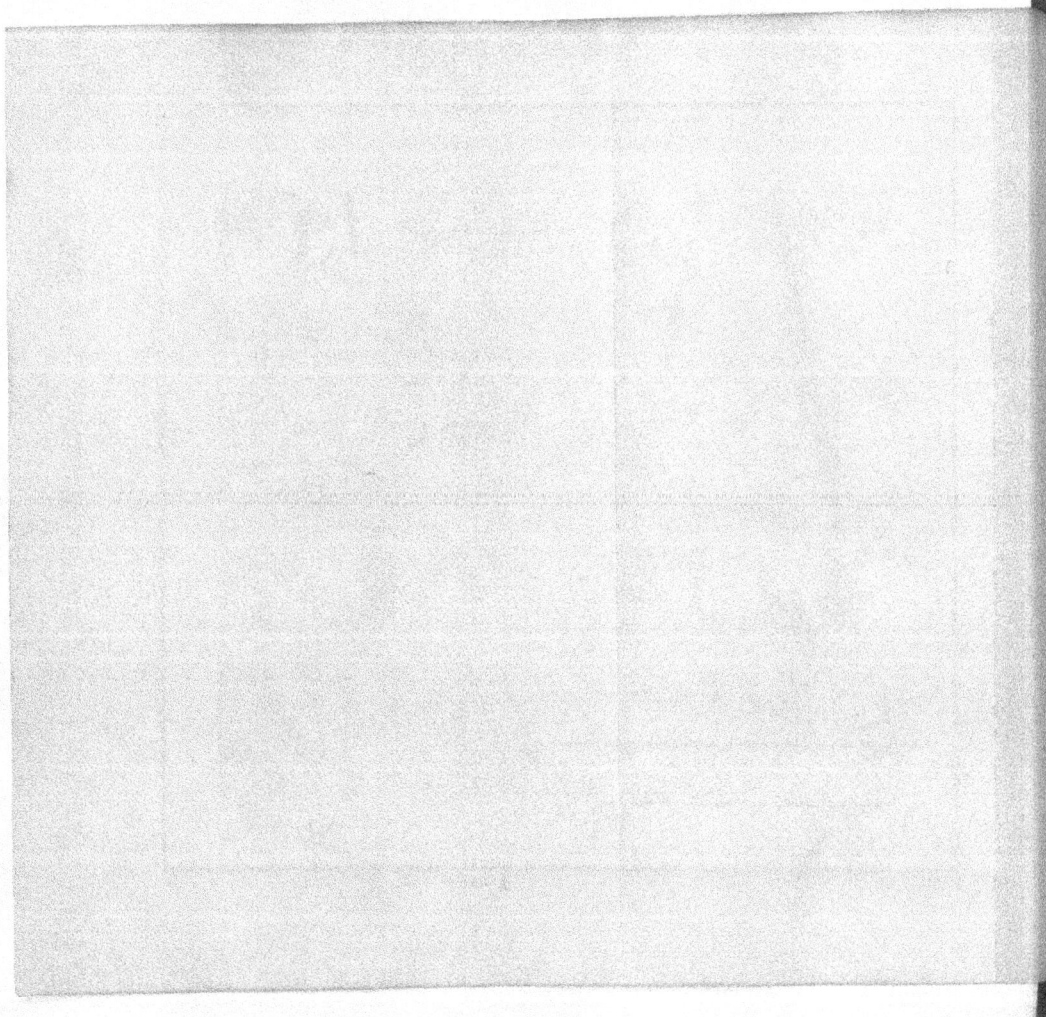

Traitement du cuivre en Angleterre

Coupe suivant l'axe.

Fig. 1.

Fig. 3.

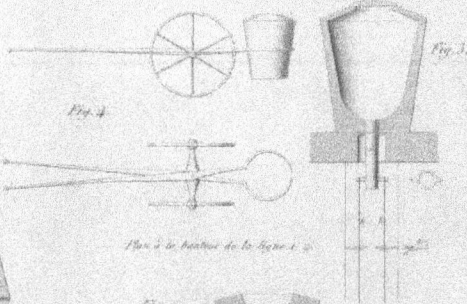

Fig. 4.

Plan à la hauteur de la ligne 1, 2.

Fig. 2.

Fig. 5.

Fourneau de cémentation pour l'Acier

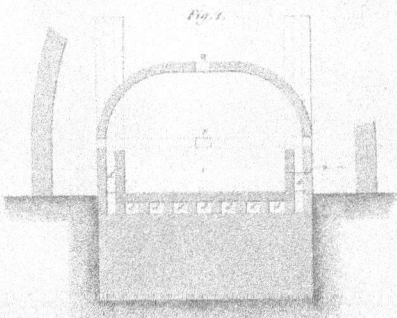

Fig. 1.

Fig. 2.

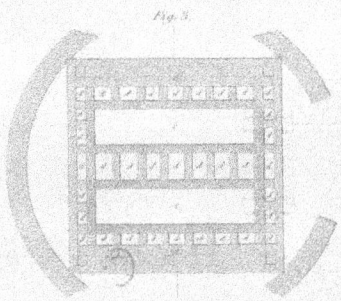

Fig. 3.